# 有机化学实验报告

**实验名称：**

**实验时间：　　月　　日　星期　　（单/双周）（上午/下午）　　天气：**

**同组同学：**

一、实验目的

二、实验原理



三、试剂和产物的物性数据

| 试剂名称 | 用量 | 分子量 | 熔点/℃ | 沸点/℃ | 密度 $\rho$/(g/mL) | 溶解度 | 毒性 | 其他 |
|---|---|---|---|---|---|---|---|---|
| | | | | | | | | |
| | | | | | | | | |
| | | | | | | | | |
| | | | | | | | | |
| | | | | | | | | |
| | | | | | | | | |

四、实验装置图

## 五、实验步骤与现象

| 时间 | 操作步骤 | 实验现象 | 备注 |
| --- | --- | --- | --- |
| | | | |

| 时间 | 操作步骤 | 实验现象 | 备注 |
| --- | --- | --- | --- |
|  |  |  |  |

## 六、实验结果

## 七、思考题

## 八、实验讨论与体会

# 有机化学实验报告

**实验名称：**

**实验时间：　　　月　　　日　星期　　　（单/双周）（上午/下午）　　天气：**

**同组同学：**

## 一、实验目的

## 二、实验原理

## 三、试剂和产物的物性数据

| 试剂名称 | 用量 | 分子量 | 熔点/℃ | 沸点/℃ | 密度 $\rho$/(g/mL) | 溶解度 | 毒性 | 其他 |
|---|---|---|---|---|---|---|---|---|
| | | | | | | | | |
| | | | | | | | | |
| | | | | | | | | |
| | | | | | | | | |
| | | | | | | | | |
| | | | | | | | | |

## 四、实验装置图

## 五、实验步骤与现象

| 时间 | 操作步骤 | 实验现象 | 备注 |
| --- | --- | --- | --- |
| | | | |

| 时间 | 操作步骤 | 实验现象 | 备注 |
| --- | --- | --- | --- |
| | | | |

## 六、实验结果

## 七、思考题

## 八、实验讨论与体会

# 有机化学实验报告

**实验名称：**

**实验时间：　　　月　　　日　星期　　　（单/双周）（上午/下午）　　天气：**

**同组同学：**

一、实验目的

二、实验原理

三、试剂和产物的物性数据

| 试剂名称 | 用量 | 分子量 | 熔点/℃ | 沸点/℃ | 密度 $\rho$/(g/mL) | 溶解度 | 毒性 | 其他 |
|---|---|---|---|---|---|---|---|---|
| | | | | | | | | |
| | | | | | | | | |
| | | | | | | | | |
| | | | | | | | | |
| | | | | | | | | |
| | | | | | | | | |

四、实验装置图

## 五、实验步骤与现象

| 时间 | 操作步骤 | 实验现象 | 备注 |
| --- | --- | --- | --- |
|  |  |  |  |

| 时间 | 操作步骤 | 实验现象 | 备注 |
|---|---|---|---|
|  |  |  |  |

## 六、实验结果

## 七、思考题

## 八、实验讨论与体会

# 有机化学实验报告

**实验名称：**

**实验时间：　　月　　日　星期　　（单/双周）（上午/下午）　　天气：**

**同组同学：**

一、实验目的

二、实验原理

三、试剂和产物的物性数据

| 试剂名称 | 用量 | 分子量 | 熔点/℃ | 沸点/℃ | 密度 $\rho$/(g/mL) | 溶解度 | 毒性 | 其他 |
|---|---|---|---|---|---|---|---|---|
| | | | | | | | | |
| | | | | | | | | |
| | | | | | | | | |
| | | | | | | | | |
| | | | | | | | | |
| | | | | | | | | |

四、实验装置图

五、实验步骤与现象

| 时间 | 操作步骤 | 实验现象 | 备注 |
| --- | --- | --- | --- |
| | | | |

| 时间 | 操作步骤 | 实验现象 | 备注 |
| --- | --- | --- | --- |
| | | | |

## 六、实验结果

## 七、思考题

## 八、实验讨论与体会

# 有机化学实验报告

**实验名称：**

**实验时间：　　　月　　　日　星期　　　（单/双周）（上午/下午）　　天气：**

**同组同学：**

一、实验目的

二、实验原理

三、试剂和产物的物性数据

| 试剂名称 | 用量 | 分子量 | 熔点/℃ | 沸点/℃ | 密度 $\rho$/(g/mL) | 溶解度 | 毒性 | 其他 |
|---|---|---|---|---|---|---|---|---|
| | | | | | | | | |
| | | | | | | | | |
| | | | | | | | | |
| | | | | | | | | |
| | | | | | | | | |
| | | | | | | | | |

四、实验装置图

## 五、实验步骤与现象

| 时间 | 操作步骤 | 实验现象 | 备注 |
| --- | --- | --- | --- |
| | | | |

| 时间 | 操作步骤 | 实验现象 | 备注 |
| --- | --- | --- | --- |
| | | | |

## 六、实验结果

## 七、思考题

## 八、实验讨论与体会

# 有机化学实验报告

**实验名称：**

**实验时间：　　　月　　　日　星期　　　（单/双周）（上午/下午）　　天气：**

**同组同学：**

一、实验目的

二、实验原理

三、试剂和产物的物性数据

| 试剂名称 | 用量 | 分子量 | 熔点/℃ | 沸点/℃ | 密度 $\rho$/(g/mL) | 溶解度 | 毒性 | 其他 |
|---|---|---|---|---|---|---|---|---|
| | | | | | | | | |
| | | | | | | | | |
| | | | | | | | | |
| | | | | | | | | |
| | | | | | | | | |
| | | | | | | | | |

四、实验装置图

## 五、实验步骤与现象

| 时间 | 操作步骤 | 实验现象 | 备注 |
| --- | --- | --- | --- |
| | | | |

| 时间 | 操作步骤 | 实验现象 | 备注 |
| --- | --- | --- | --- |
| | | | |

六、实验结果

七、思考题

八、实验讨论与体会

# 有机化学实验报告

**实验名称：**

**实验时间：　　　月　　　日　星期　　　　（单/双周）（上午/下午）　　　天气：**

**同组同学：**

一、实验目的

二、实验原理

三、试剂和产物的物性数据

| 试剂名称 | 用量 | 分子量 | 熔点/℃ | 沸点/℃ | 密度 $\rho$/(g/mL) | 溶解度 | 毒性 | 其他 |
|---|---|---|---|---|---|---|---|---|
| | | | | | | | | |
| | | | | | | | | |
| | | | | | | | | |
| | | | | | | | | |
| | | | | | | | | |
| | | | | | | | | |

四、实验装置图

## 五、实验步骤与现象

| 时间 | 操作步骤 | 实验现象 | 备注 |
| --- | --- | --- | --- |
| | | | |

| 时间 | 操作步骤 | 实验现象 | 备注 |
| --- | --- | --- | --- |
|  |  |  |  |

## 六、实验结果

## 七、思考题

## 八、实验讨论与体会

# 有机化学实验报告

**实验名称：**

**实验时间：　　　月　　　日　星期　　　（单/双周）（上午/下午）　　天气：**

**同组同学：**

一、实验目的

二、实验原理

三、试剂和产物的物性数据

| 试剂名称 | 用量 | 分子量 | 熔点/℃ | 沸点/℃ | 密度 $\rho$/(g/mL) | 溶解度 | 毒性 | 其他 |
|---|---|---|---|---|---|---|---|---|
| | | | | | | | | |
| | | | | | | | | |
| | | | | | | | | |
| | | | | | | | | |
| | | | | | | | | |
| | | | | | | | | |

四、实验装置图

## 五、实验步骤与现象

| 时间 | 操作步骤 | 实验现象 | 备注 |
| --- | --- | --- | --- |
| | | | |

| 时间 | 操作步骤 | 实验现象 | 备注 |
| --- | --- | --- | --- |
| | | | |

## 六、实验结果

## 七、思考题

## 八、实验讨论与体会

# 有机化学实验报告

**实验名称：**

**实验时间：　　　月　　　日　星期　　　（单/双周）（上午/下午）　　天气：**

**同组同学：**

一、实验目的

二、实验原理

三、试剂和产物的物性数据

| 试剂名称 | 用量 | 分子量 | 熔点/℃ | 沸点/℃ | 密度 $\rho$/(g/mL) | 溶解度 | 毒性 | 其他 |
|---|---|---|---|---|---|---|---|---|
| | | | | | | | | |
| | | | | | | | | |
| | | | | | | | | |
| | | | | | | | | |
| | | | | | | | | |
| | | | | | | | | |

四、实验装置图

## 五、实验步骤与现象

| 时间 | 操作步骤 | 实验现象 | 备注 |
| --- | --- | --- | --- |
| | | | |

| 时间 | 操作步骤 | 实验现象 | 备注 |
| --- | --- | --- | --- |
|  |  |  |  |

## 六、实验结果

## 七、思考题

## 八、实验讨论与体会

# 有机化学实验报告

**实验名称：**

**实验时间：　　　月　　　日　星期　　　（单/双周）（上午/下午）　　天气：**

**同组同学：**

一、实验目的

二、实验原理

三、试剂和产物的物性数据

| 试剂名称 | 用量 | 分子量 | 熔点/℃ | 沸点/℃ | 密度 $\rho$/(g/mL) | 溶解度 | 毒性 | 其他 |
|---|---|---|---|---|---|---|---|---|
| | | | | | | | | |
| | | | | | | | | |
| | | | | | | | | |
| | | | | | | | | |
| | | | | | | | | |
| | | | | | | | | |

四、实验装置图

## 五、实验步骤与现象

| 时间 | 操作步骤 | 实验现象 | 备注 |
| --- | --- | --- | --- |
|  |  |  |  |

| 时间 | 操作步骤 | 实验现象 | 备注 |
| --- | --- | --- | --- |
| | | | |

## 六、实验结果

## 七、思考题

## 八、实验讨论与体会

# 有机化学实验报告

**实验名称：**

**实验时间：　　　月　　　日　星期　　　　（单/双周）（上午/下午）　　　天气：**

**同组同学：**

一、实验目的

二、实验原理

三、试剂和产物的物性数据

| 试剂名称 | 用量 | 分子量 | 熔点/℃ | 沸点/℃ | 密度 $\rho$/(g/mL) | 溶解度 | 毒性 | 其他 |
| --- | --- | --- | --- | --- | --- | --- | --- | --- |
| | | | | | | | | |
| | | | | | | | | |
| | | | | | | | | |
| | | | | | | | | |
| | | | | | | | | |
| | | | | | | | | |

四、实验装置图

## 五、实验步骤与现象

| 时间 | 操作步骤 | 实验现象 | 备注 |
| --- | --- | --- | --- |
| | | | |

| 时间 | 操作步骤 | 实验现象 | 备注 |
| --- | --- | --- | --- |
| | | | |

## 六、实验结果

## 七、思考题

## 八、实验讨论与体会

# 有机化学实验报告

**实验名称：**

**实验时间：　　　月　　　日　星期　　　（单/双周）（上午/下午）　　天气：**

**同组同学：**

## 一、实验目的

## 二、实验原理

## 三、试剂和产物的物性数据

| 试剂名称 | 用量 | 分子量 | 熔点/℃ | 沸点/℃ | 密度 $\rho$/(g/mL) | 溶解度 | 毒性 | 其他 |
|---|---|---|---|---|---|---|---|---|
| | | | | | | | | |
| | | | | | | | | |
| | | | | | | | | |
| | | | | | | | | |
| | | | | | | | | |
| | | | | | | | | |

## 四、实验装置图

## 五、实验步骤与现象

| 时间 | 操作步骤 | 实验现象 | 备注 |
| --- | --- | --- | --- |
|  |  |  |  |

| 时间 | 操作步骤 | 实验现象 | 备注 |
| --- | --- | --- | --- |
| | | | |

## 六、实验结果

## 七、思考题

## 八、实验讨论与体会

# 有机化学实验报告

**实验名称：**

**实验时间：　　　月　　　日　星期　　　（单/双周）（上午/下午）　　天气：**

**同组同学：**

## 一、实验目的

## 二、实验原理

## 三、试剂和产物的物性数据

| 试剂名称 | 用量 | 分子量 | 熔点/℃ | 沸点/℃ | 密度 ρ/(g/mL) | 溶解度 | 毒性 | 其他 |
|---|---|---|---|---|---|---|---|---|
| | | | | | | | | |
| | | | | | | | | |
| | | | | | | | | |
| | | | | | | | | |
| | | | | | | | | |
| | | | | | | | | |

## 四、实验装置图

## 五、实验步骤与现象

| 时间 | 操作步骤 | 实验现象 | 备注 |
| --- | --- | --- | --- |
| | | | |

| 时间 | 操作步骤 | 实验现象 | 备注 |
| --- | --- | --- | --- |
|  |  |  |  |

## 六、实验结果

## 七、思考题

## 八、实验讨论与体会

# 有机化学实验报告

**实验名称：**

**实验时间：　　　月　　　日　星期　　　（单/双周）（上午/下午）　　天气：**

**同组同学：**

一、实验目的

二、实验原理

三、试剂和产物的物性数据

| 试剂名称 | 用量 | 分子量 | 熔点/℃ | 沸点/℃ | 密度 $\rho$/(g/mL) | 溶解度 | 毒性 | 其他 |
|---|---|---|---|---|---|---|---|---|
| | | | | | | | | |
| | | | | | | | | |
| | | | | | | | | |
| | | | | | | | | |
| | | | | | | | | |
| | | | | | | | | |

四、实验装置图

## 五、实验步骤与现象

| 时间 | 操作步骤 | 实验现象 | 备注 |
| --- | --- | --- | --- |
| | | | |

| 时间 | 操作步骤 | 实验现象 | 备注 |
| --- | --- | --- | --- |
|  |  |  |  |

六、实验结果

七、思考题

八、实验讨论与体会

# 有机化学实验报告

**实验名称：**

**实验时间：　　　月　　　日　星期　　　（单/双周）（上午/下午）　　天气：**

**同组同学：**

一、实验目的

二、实验原理

三、试剂和产物的物性数据

| 试剂名称 | 用量 | 分子量 | 熔点/℃ | 沸点/℃ | 密度 $\rho$/(g/mL) | 溶解度 | 毒性 | 其他 |
|---|---|---|---|---|---|---|---|---|
| | | | | | | | | |
| | | | | | | | | |
| | | | | | | | | |
| | | | | | | | | |
| | | | | | | | | |
| | | | | | | | | |

四、实验装置图

## 五、实验步骤与现象

| 时间 | 操作步骤 | 实验现象 | 备注 |
| --- | --- | --- | --- |
| | | | |

| 时间 | 操作步骤 | 实验现象 | 备注 |
| --- | --- | --- | --- |
|  |  |  |  |

## 六、实验结果

## 七、思考题

## 八、实验讨论与体会

# 有机化学实验报告

**实验名称：**

**实验时间：　　　月　　　日　星期　　　（单/双周）（上午/下午）　　天气：**

**同组同学：**

一、实验目的

二、实验原理

三、试剂和产物的物性数据

| 试剂名称 | 用量 | 分子量 | 熔点/℃ | 沸点/℃ | 密度 $\rho$/(g/mL) | 溶解度 | 毒性 | 其他 |
|---|---|---|---|---|---|---|---|---|
| | | | | | | | | |
| | | | | | | | | |
| | | | | | | | | |
| | | | | | | | | |
| | | | | | | | | |
| | | | | | | | | |

四、实验装置图

五、实验步骤与现象

| 时间 | 操作步骤 | 实验现象 | 备注 |
| --- | --- | --- | --- |
| | | | |

| 时间 | 操作步骤 | 实验现象 | 备注 |
| --- | --- | --- | --- |
|  |  |  |  |

六、实验结果

七、思考题

八、实验讨论与体会

# 有机化学实验报告

**实验名称：**

**实验时间：　　　月　　　日　星期　　　（单/双周）（上午/下午）　　天气：**

**同组同学：**

一、实验目的

二、实验原理

三、试剂和产物的物性数据

| 试剂名称 | 用量 | 分子量 | 熔点/℃ | 沸点/℃ | 密度 $\rho$/(g/mL) | 溶解度 | 毒性 | 其他 |
|---|---|---|---|---|---|---|---|---|
| | | | | | | | | |
| | | | | | | | | |
| | | | | | | | | |
| | | | | | | | | |
| | | | | | | | | |
| | | | | | | | | |

四、实验装置图

## 五、实验步骤与现象

| 时间 | 操作步骤 | 实验现象 | 备注 |
| --- | --- | --- | --- |
| | | | |

| 时间 | 操作步骤 | 实验现象 | 备注 |
| --- | --- | --- | --- |
| | | | |

六、实验结果

七、思考题

八、实验讨论与体会

# 有机化学实验报告

**实验名称：**

**实验时间：　　　月　　　日　星期　　　（单/双周）（上午/下午）　　天气：**

**同组同学：**

一、实验目的

二、实验原理

三、试剂和产物的物性数据

| 试剂名称 | 用量 | 分子量 | 熔点/℃ | 沸点/℃ | 密度 $\rho$/(g/mL) | 溶解度 | 毒性 | 其他 |
|---|---|---|---|---|---|---|---|---|
| | | | | | | | | |
| | | | | | | | | |
| | | | | | | | | |
| | | | | | | | | |
| | | | | | | | | |
| | | | | | | | | |

四、实验装置图

五、实验步骤与现象

| 时间 | 操作步骤 | 实验现象 | 备注 |
| --- | --- | --- | --- |
|  |  |  |  |

| 时间 | 操作步骤 | 实验现象 | 备注 |
| --- | --- | --- | --- |
|  |  |  |  |

## 六、实验结果

## 七、思考题

## 八、实验讨论与体会

# 有机化学实验报告

**实验名称：**

**实验时间：　　　月　　　日　星期　　　　（单/双周）（上午/下午）　　天气：**

**同组同学：**

## 一、实验目的

## 二、实验原理

## 三、试剂和产物的物性数据

| 试剂名称 | 用量 | 分子量 | 熔点/℃ | 沸点/℃ | 密度 $\rho$/(g/mL) | 溶解度 | 毒性 | 其他 |
|---|---|---|---|---|---|---|---|---|
| | | | | | | | | |
| | | | | | | | | |
| | | | | | | | | |
| | | | | | | | | |
| | | | | | | | | |
| | | | | | | | | |

## 四、实验装置图

## 五、实验步骤与现象

| 时间 | 操作步骤 | 实验现象 | 备注 |
| --- | --- | --- | --- |
|  |  |  |  |

| 时间 | 操作步骤 | 实验现象 | 备注 |
| --- | --- | --- | --- |
|  |  |  |  |

## 六、实验结果

## 七、思考题

## 八、实验讨论与体会

# 有机化学实验报告

**实验名称：**

**实验时间：　　　月　　　日　星期　　　（单/双周）（上午/下午）　　天气：**

**同组同学：**

一、实验目的

二、实验原理

三、试剂和产物的物性数据

| 试剂名称 | 用量 | 分子量 | 熔点/℃ | 沸点/℃ | 密度 $\rho$/(g/mL) | 溶解度 | 毒性 | 其他 |
|---|---|---|---|---|---|---|---|---|
| | | | | | | | | |
| | | | | | | | | |
| | | | | | | | | |
| | | | | | | | | |
| | | | | | | | | |
| | | | | | | | | |

四、实验装置图

## 五、实验步骤与现象

| 时间 | 操作步骤 | 实验现象 | 备注 |
| --- | --- | --- | --- |
|  |  |  |  |

| 时间 | 操作步骤 | 实验现象 | 备注 |
| --- | --- | --- | --- |
| | | | |

## 六、实验结果

## 七、思考题

## 八、实验讨论与体会

# 有机化学实验报告

**实验名称：**

**实验时间：　　月　　日　星期　　（单/双周）（上午/下午）　　天气：**

**同组同学：**

一、实验目的

二、实验原理

三、试剂和产物的物性数据

| 试剂名称 | 用量 | 分子量 | 熔点/℃ | 沸点/℃ | 密度 $\rho$/(g/mL) | 溶解度 | 毒性 | 其他 |
|---|---|---|---|---|---|---|---|---|
| | | | | | | | | |
| | | | | | | | | |
| | | | | | | | | |
| | | | | | | | | |
| | | | | | | | | |
| | | | | | | | | |

四、实验装置图

## 五、实验步骤与现象

| 时间 | 操作步骤 | 实验现象 | 备注 |
| --- | --- | --- | --- |
| | | | |

| 时间 | 操作步骤 | 实验现象 | 备注 |
| --- | --- | --- | --- |
| | | | |

六、实验结果

七、思考题

八、实验讨论与体会

# 有机化学实验报告

**实验名称：**

**实验时间：　　　月　　　日　星期　　　（单/双周）（上午/下午）　　天气：**

**同组同学：**

一、实验目的

二、实验原理

三、试剂和产物的物性数据

| 试剂名称 | 用量 | 分子量 | 熔点/℃ | 沸点/℃ | 密度 $\rho$/(g/mL) | 溶解度 | 毒性 | 其他 |
|---|---|---|---|---|---|---|---|---|
| | | | | | | | | |
| | | | | | | | | |
| | | | | | | | | |
| | | | | | | | | |
| | | | | | | | | |
| | | | | | | | | |

四、实验装置图

## 五、实验步骤与现象

| 时间 | 操作步骤 | 实验现象 | 备注 |
| --- | --- | --- | --- |
| | | | |

| 时间 | 操作步骤 | 实验现象 | 备注 |
| --- | --- | --- | --- |
|  |  |  |  |

## 六、实验结果

## 七、思考题

## 八、实验讨论与体会

# 有机化学实验报告

**实验名称：**

**实验时间：　　　月　　　日　星期　　　（单/双周）（上午/下午）　　天气：**

**同组同学：**

一、实验目的

二、实验原理

三、试剂和产物的物性数据

| 试剂名称 | 用量 | 分子量 | 熔点/℃ | 沸点/℃ | 密度 $\rho$/(g/mL) | 溶解度 | 毒性 | 其他 |
|---|---|---|---|---|---|---|---|---|
| | | | | | | | | |
| | | | | | | | | |
| | | | | | | | | |
| | | | | | | | | |
| | | | | | | | | |
| | | | | | | | | |

四、实验装置图

## 五、实验步骤与现象

| 时间 | 操作步骤 | 实验现象 | 备注 |
|---|---|---|---|
| | | | |

| 时间 | 操作步骤 | 实验现象 | 备注 |
| --- | --- | --- | --- |
|  |  |  |  |

## 六、实验结果

## 七、思考题

## 八、实验讨论与体会

# 有机化学实验报告

实验名称：

实验时间：　　　月　　　日　星期　　　（单/双周）（上午/下午）　　天气：

同组同学：

一、实验目的

二、实验原理

三、试剂和产物的物性数据

| 试剂名称 | 用量 | 分子量 | 熔点/℃ | 沸点/℃ | 密度 $\rho$/(g/mL) | 溶解度 | 毒性 | 其他 |
|---|---|---|---|---|---|---|---|---|
| | | | | | | | | |
| | | | | | | | | |
| | | | | | | | | |
| | | | | | | | | |
| | | | | | | | | |
| | | | | | | | | |

四、实验装置图

## 五、实验步骤与现象

| 时间 | 操作步骤 | 实验现象 | 备注 |
| --- | --- | --- | --- |
|  |  |  |  |

| 时间 | 操作步骤 | 实验现象 | 备注 |
| --- | --- | --- | --- |
|  |  |  |  |

## 六、实验结果

## 七、思考题

## 八、实验讨论与体会

# 有机化学实验报告

实验名称：

实验时间：　　　月　　　日　星期　　　（单/双周）（上午/下午）　　天气：

同组同学：

一、实验目的

二、实验原理

三、试剂和产物的物性数据

| 试剂名称 | 用量 | 分子量 | 熔点/℃ | 沸点/℃ | 密度 $\rho$/(g/mL) | 溶解度 | 毒性 | 其他 |
|---|---|---|---|---|---|---|---|---|
| | | | | | | | | |
| | | | | | | | | |
| | | | | | | | | |
| | | | | | | | | |
| | | | | | | | | |
| | | | | | | | | |

四、实验装置图

## 五、实验步骤与现象

| 时间 | 操作步骤 | 实验现象 | 备注 |
|---|---|---|---|
| | | | |

| 时间 | 操作步骤 | 实验现象 | 备注 |
| --- | --- | --- | --- |
| | | | |

## 六、实验结果

## 七、思考题

## 八、实验讨论与体会